Exposition universelle de 1867, à Paris.

LE CREUSOT

SON INDUSTRIE — SA POPULATION

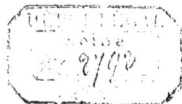

$\mathcal{N}OTE$

Remise au Jury spécial pour le nouvel ordre de récompenses

(Règlement général du 7 juin 1866, titre IV).

PARIS

IMPRIMERIE CENTRALE DES CHEMINS DE FER

A. CHAIX & Cie

Rue Bergère, 20, près du boulevard Montmartre.

1867

EXPOSITION UNIVERSELLE DE 1867, A PARIS

Règlement général du 7 juin 1866, titre VI.

Art. 30. — Un ordre distinct de récompenses est créé en faveur des personnes, des établissements ou des localités qui, par une organisation ou des institutions spéciales, ont développé la bonne harmonie entre tous ceux qui coopèrent aux mêmes travaux et ont assuré aux ouvriers le bien-être matériel, moral et intellectuel.

LE CREUSOT

SON INDUSTRIE — SA POPULATION

~✦✦~--

Situation
géographique.

Le Creusot est à 400 kilomètres de Paris, sur la ligne de Chagny
à Nevers; il appartient à l'arrondissement d'Autun (Saône-et-Loire).

Situé à 28 kilomètres S.-E. de cette ville, à 40 kilomètres de Cha-
lon-sur-Saône et à 10 kilomètres du canal du Centre, il se trouve
placé sur la ligne de partage des eaux, entre la Méditerranée et
l'Océan.

Historique.

En 1780, il n'existait, sur le territoire du Creusot, qu'un groupe
de cabanes. Les affleurements houillers du sol les faisaient désigner
sous le nom de Charbonnières.

L'aridité du terrain et l'éloignement des voies de communication
faisaient de cet endroit une triste localité ; mais l'usage du charbon
minéral commençait à se répandre, le canal du Centre venait d'être
décrété, et ces deux circonstances devaient changer l'avenir du
pays.

Vers 1781 s'établit au Creusot, sous la raison sociale Perrier,
Beltinger et Cie, une première Société industrielle patronnée par le
Roi. Presque en même temps une cristallerie, qui a subsisté jusqu'en
1832, fut fondée par Marie-Antoinette, sous le nom de Manufacture
de la Reine. Comme fonderie de canons, l'établissement métal-

2

lurgique eut de nombreuses commandes du gouvernement pendant la République et l'Empire ; mais cette prospérité relative fut de courte durée, et le travail cessa en 1815.

En 1818, MM. Chagot firent l'acquisition du Creusot, qu'ils revendirent, en 1826, à la Société Manby-Wilson. Celle-ci, après avoir effectué des dépenses de construction considérables, aboutit à une faillite en 1834.

En 1837, le Creusot passa entre les mains de MM. Schneider frères et Cie, et les trente ans qui se sont écoulés depuis cette époque ont été pour lui une période non interrompue de développement et d'accroissement de puissance.

En 1845, la raison sociale fut modifiée par suite de la mort prématurée de M. Schneider aîné. Elle devint alors ce qu'elle est aujourd'hui : Schneider et Cie.

Au début de la nouvelle Société, on extrayait au Creusot 60,000 tonnes de houille environ, et l'on produisait 4,000 tonnes de fer. Quant à l'industrie mécanique, elle était à peine naissante. La surface de l'usine, le nombre des ouvriers, l'importance de l'outillage étaient en rapport avec les chiffres de production.

Depuis lors, chaque chose s'est développée, tout a graduellement et constamment progressé.

État actuel de l'industrie.

Aujourd'hui (1) les usines du Creusot (voir Tableau 1), ainsi que leurs annexes, couvrent une surface qui dépasse 120 hectares, dont plus de 20 hectares de bâtiments industriels.

L'ensemble des établissements comprend : 1° deux concessions de minerais, à Mazenay et à Change, de 15 kilomètres carrés, exploitées par 6 machines à vapeur d'une force totale de 90 chevaux : 2° la

(1) Une statistique industrielle, pour des établissements en voie d'accroissement et de transformation comme ceux du Creusot, présente une réelle difficulté. La vérité se modifiant chaque jour, les chiffres risquent d'avoir bientôt vieilli ou de paraître anticipés. Afin d'éviter l'un et l'autre de ces inconvénients, la présente énumération a été établie en indiquant tout ce qui existe aujourd'hui, avec ce qui est en voie de réalisation pour être achevé dans le cours de l'exercice 1867-1868.

houillère du Creusot, d'une étendue de 64 kilomètres carrés, desservie par 13 machines représentant ensemble 400 chevaux, et par 2 pompes dont une de 400 chevaux ; 3° 15 hauts fourneaux, 160 fours à coke (150 horizontaux et 10 fours Appolt), 7 machines soufflantes, 1,350 chevaux, 10 machines diverses, 150 chevaux ; 4° La forge réunissant 150 fours à puddler, 85 fours à réchaufffer, 41 trains complets de laminoirs, 30 marteaux pilons et 85 machines à vapeur, ensemble 6,500 chevaux ; 5° enfin des ateliers de construction occupant une force de 700 chevaux et renfermant 26 marteaux pilons et 650 machines-outils.

Le personnel journellement employé aux divers services forme un total de 9,950 ouvriers. Par une coïncidence particulière, c'est précisément le nombre des chevaux-vapeur utilisés dans l'usine : un cheval-vapeur par homme.

Toutes les industries sont reliées par un réseau de chemins de fer de 70 kilomètres de voie, établi sur le type du chemin de Lyon, et desservi par 15 locomotives et 500 wagons en exploitation journalière.

Le trafic extérieur s'élève à plus de 700,000 tonnes par an, avec un manœuvrage intérieur de matières ou de résidus représentant un tonnage à peu près égal, de telle sorte que le mouvement de la gare centrale du Creusot atteint environ 1,400,000 tonnes : à ne compter que le poids, c'est le mouvement de la gare de Bercy.

Toutes les parties de l'usine sont en communication par des fils télégraphiques.

Voici maintenant les chiffres de la production annuelle.

Pour les concessions de Change et de Mazenay, 300,000 tonnes de minerais. Pour la houillère, 250,000 tonnes. Pour les hauts fourneaux, 130,000 tonnes de fontes. Pour la forge, 110,000 tonnes de fers et tôles de tous échantillons et de toutes les qualités, notamment un fer travaillé exclusivement à la houille et d'une qualité égale à celles des meilleurs fers au bois.

Aux ateliers de construction, l'ensemble des constructions annuelles représente une valeur d'environ 14 millions, en machines de navigation, en locomotives, en machines fixes, ponts, charpentes, appareils de toutes sortes, et pièces détachées de fonderie, grosse forge, chaudronnerie.

La totalité des ventes faites au commerce sous toutes les formes, tant en France qu'à l'étranger, s'élève à la somme de 35 millions environ par année. Mais si l'on considère chacune des industries spéciales, mines, fourneaux, forges et ateliers, comme des maisons distinctes vendant l'une à l'autre, ainsi que l'établit en fait la comptabilité de la Compagnie, le total des factures dépasse annuellement 50 millions.

En même temps que le Creusot donnait essor à sa production, il participait dans une large proportion aux progrès réalisés dans l'industrie métallurgique, sous le double rapport de l'abaissement du prix de revient et du perfectionnement des produits.

Les transformations nécessaires pour atteindre de pareils résultats ont été conduites de façon à parvenir rapidement au but, tout en conciliant avec les intérêts du consommateur ceux de l'actionnaire et de l'ouvrier.

En effet, les résultats financiers de chaque exercice ont permis de distribuer au capital engagé un intérêt qui n'a pas été moindre de 8 %, même au moment où les circonstances ont exigé des prélèvements de sommes considérables pour l'accroissement et la transformation des usines.

Main-d'œuvre.

D'autre part, la rétribution du travail (voir Tableau n° 2) a toujours été en augmentant; ainsi la moyenne des salaires, dont la totalité se chiffre cette année par près de 10 millions, s'est élevée, dans la période de 1850 à 1866 de 2.56 à 3.45, ce qui donne une augmentation de 30 % en seize ans.

Il faut remarquer, pour l'appréciation de ces moyennes, qu'elles s'appliquent aux jeunes gens et élèves, dont la proportion est très-considérable au Creusot, aussi bien qu'aux hommes dans la force de l'âge. Pour ces derniers, le prix de la journée peut aller jusqu'à 8 francs par jour dans les ateliers de construction et jusqu'à 10 et 11 francs à la forge.

Dans toute l'usine le traitement des employés et contre-maîtres est mensuel et varie dans des limites considérables, suivant le mérite personnel et la position.

Pour les ouvriers, le salaire n'est pas payé à la journée; rarement il l'est à la tache. Presque partout il résulte du marchandage et se fait avec un système de primes variées, suivant les cas et les spécialités, en vue de stimuler et de récompenser l'intelligence et l'activité. Si chacun a un tarif de journée nominal, en fait il est rétribué selon ses œuvres. L'un gagne plus parce qu'il fait bien et habilement un travail difficile, l'autre parce qu'il fait vite un travail ordinaire.

A la forge on voit fréquemment un puddleur gagner 3 et 4 francs de plus que son voisin ; car il est tenu compte à chacun, non-seulement de la quantité et de la qualité produites, mais aussi de la consommation des matières premières. La comptabilité saisit instantanément tous ces éléments, et les chiffres, comme les résultats, en sont affichés soir et matin. L'encouragement est efficace et le débat impossible, quand le travail individuel est ainsi contrôlé et publié sous les yeux de tous.

Le même principe est appliqué dans toute l'usine, avec les différences que comporte la variété des travaux.

Dès son entrée à l'établissement, l'enfant est plutôt traité en ouvrier qu'en apprenti ; son salaire est réglé de la même manière que celui du premier. Au début, il gagne 75 centimes au minimum ; il passe bientôt à 1 fr. 50 c., 2 francs, pour arriver, dès que ses aptitudes le comportent, à un salaire complet.

L'observation du dimanche a toujours été maintenue aussi rigoureusement que le permettaient les circonstances, ainsi que l'usage de reprendre exactement le travail le lundi.

Le nombre des journées de présence à l'usine par ouvrier a été de 24 par mois pour la moyenne des trois dernières années.

La durée de la journée varie avec le genre de travail ; elle est de :

11 heures effectives aux ateliers de construction et travaux divers.
12 — à la forge } avec des temps de repos.
12 — à la mine }

Longtemps elle a été à la mine de 8 heures de jour ou de nuit, souvent avec des redoubles formant parfois 16 heures de présence sur 24. Aujourd'hui que toutes les galeries sont bien aérées, le temps de présence des ouvriers a pu être fixé à 12 heures, coupées par des repos. La conséquence de ce nouveau régime a été la suppression du travail de nuit. La santé de l'ouvrier y a beaucoup gagné, en même temps que son salaire s'est notablement augmenté.

Accroissement de la population.

La commune du Creusot comptait (voir Tableau 3), d'après le recensement de 1836, 2,700 habitants; elle en contient aujourd'hui 23,872, d'après le dénombrement de 1866. Numériquement elle occupe le premier rang dans le département de Saône-et-Loire.

La population est relativement très-jeune, son âge moyen est de 24 ans. Pour réunir une agglomération qui fût en rapport avec les besoins de l'usine, il a fallu appeler incessamment du dehors de nombreuses recrues. De là d'immenses difficultés au point de vue moral comme au point de vue matériel. Pour assurer toutes les conditions d'existence de cette grande colonie, MM. Schneider n'ont rien demandé à personne. Ils n'ont eu recours à aucune subvention administrative, n'ont mis à la charge de la commune ni octroi, ni impôts, ni emprunts. Le rôle de l'État et du département s'est borné à l'exécution ou à l'achèvement des voies de communication nécessaires pour desservir les besoins nouveaux.

Habitation.

Au début, MM. Schneider et Cie ont dû prendre l'initiative des constructions. Les habitations qu'ils firent élever étaient louées à des prix modérés. Plus tard, et successivement, en vendant des terrains bon marché, en donnant des facilités et en faisant parfois des avances, ils ont encouragé les constructions privées. Graduellement la Compagnie a ralenti son action directe, au fur et à mesure qu'elle a pu y substituer celle du public.

Les constructions ont été disséminées dans des quartiers divers, suivant les besoins et les convenances de la population. L'ancien centre s'est développé, d'autres se sont formés pour recevoir les habitants désireux de s'éloigner du mouvement et du bruit et de posséder un jardin; d'autres quartiers enfin ont surgi, présentant les conditions habituelles de la campagne et comportant plus d'étendue dans les enclos.

En 1851, le nombre des habitations n'était encore que de 390, y compris deux vastes maisons ouvrières, dont l'une a été détruite depuis. En 1866, un recensement a constaté 1,870 maisons qui, par leur aspect, rendent le Creusot comparable aux villes industrielles les mieux bâties.

A mesure que les logements comme les maisons croissaient en nombre, ils s'amélioraient sous le rapport de la salubrité et du confortable. Des tableaux statistiques dressés récemment (voir Tableau 6) ont établi qu'au 1er janvier 1867 il existait une moyenne de 3,15 logements par maison, et 2,16 pièces par logement, chaque logement renfermant 4,11 habitants; la surface occupée par individu étant de 11 mètres carrés environ, avec un volume d'air de 32 mètres cubes.

L'usine loge le personnel des bureaux et celui des contre-maîtres; elle chauffe chaque ménage à raison de 12 hectolitres par mois pendant l'hiver et 6 hectolitres en été. La chauffe est donnée également aux ouvriers, ainsi qu'aux veuves des victimes du travail et à certaines personnes indigentes.

Le personnel ouvrier n'est pas logé gratuitement, mais 700 ménages, représentant 2,800 personnes environ, et recommandables par l'ancienneté et la nature des services, reçoivent des logements à un prix réduit, inférieur de 50 % à la valeur normale, qui varie de 100 à 140 francs par an.

700 jardins environ, d'une surface de 25 hectares, sont cédés par l'usine aux employés moyennant une location purement nominale de 2 francs par an.

En 1837, tous les accès du village étaient à l'état primitif, les rues boueuses, les abords des maisons complétement négligés.

Voirie. — Eaux. Éclairage.

Aujourd'hui (voir Tableau 5) les rues, qui ont une longueur de 18,000 mètres, sont, pour la plupart, alignées, spacieuses, bordées de trottoirs et bien entretenues. Des boulevards, des squares et des promenades couvrent une surface de 10 hectares.

Une eau potable, distribuée par des fontaines publiques sur le pied de 500 mètres cubes par 24 heures, soit 21 litres par jour et par habitant, est amenée de la commune de Saint-Sernin par une conduite de 6,500 mètres, au moyen d'un siphon de 78 mètres de haut et d'un souterrain de 450 mètres de long.

Le schiste va faire place au gaz pour l'éclairage des rues. La consommation annuelle est calculée à raison de 100,000 mètres cubes pour la voie publique et de 120,000 pour les habitations privées.

Approvisionnements. Des marchés quotidiens se tiennent alternativement dans deux quartiers différents. La localité est approvisionnée, quelle que soit la saison, de denrées alimentaires variées et abondantes, dont les prix ne dépassent pas ceux que l'on paie dans les petites villes du département.

Un commerce local, en rapport avec les besoins de la population, est habituellement exercé par d'anciens ouvriers ou contre-maîtres de l'usine, souvent par les familles des ouvriers encore en activité.

Si une marchandise de grande consommation n'arrive pas dans la localité, ou si elle n'y parvient qu'à des prix trop chers, l'usine cherche à l'obtenir à bon compte, la débite dans un magasin spécial pour apprendre au commerce local comment il est possible de se pourvoir plus avantageusement; puis elle lui laisse reprendre son fonctionnement naturel; car, sous ce rapport comme sous tous les autres, elle tient à encourager et à fortifier l'initiative privée.

Culte. Pendant longtemps, une église construite aux frais de MM. Schneider et Cie a été suffisante; mais, en 1864, M. et Mme Henri Schneider ont fait don, à des quartiers éloignés du centre, d'une deuxième paroisse dont l'architecture ajoute une nouvelle importance à l'aspect du Creusot.

L'ancienne paroisse est desservie par un curé et quatre vicaires; la nouvelle par un curé.

Le culte protestant existe au Creusot, et son service est assuré.

Dès leur arrivée dans le pays, MM. Schneider et Cie se sont im- **Instruction.** posé comme première obligation de pourvoir aux destinées morales et intellectuelles de la population, en même temps qu'aux intérêts économiques de leur usine en fondant des écoles de filles et de garçons. Ils n'ont pas attendu le progrès des idées libérales qui depuis se sont répandues en France pour développer sur une grande échelle l'instruction publique au sein de leur population.

Dès 1837 des écoles ont été fondées; elles n'ont fait depuis que se transformer.

Elles se composent (voir Tableau 10) d'écoles principales, lesquelles forment un groupe distinct d'écoles subventionnées, et enfin d'écoles libres.

Les écoles principales occupent deux corps de logis qui s'élèvent latéralement à la cure, à droite et à gauche. Dans l'un sont les garçons, dans l'autre les filles. Chacun couvre une surface de 385 mètres carrés et contient un rez-de-chaussée avec un premier étage. D'autres bâtiments comprenant des salles secondaires, le logement des sœurs, des maîtres et différentes dépendances, s'étendent sur une surface de 1,155 mètres carrés; les cours de récréations n'ont pas moins de 5,000 mètres.

Le nombre des professeurs pour les garçons est de douze, y compris le directeur.

Des sœurs de Saint-Joseph, au nombre de onze, sont chargées de l'instruction des jeunes filles.

Pendant l'année 1866, les écoles principales, les annexes et les écoles privées ont été fréquentées par 4,065 enfants; 2,259 garçons, et 1,846 filles.

Dans l'école des garçons, les élèves sont répartis en neuf classes, depuis l'âge de sept ans jusqu'à celui de quinze ou seize ans. L'enseignement qu'ils reçoivent est un véritable enseignement spécial ; au programme de l'instruction primaire ont été ajoutés des cours d'arithmétique, de comptabilité, de dessin, de géométrie descriptive, de mécanique, de physique et de chimie.

Au Creusot, l'instruction n'est pas gratuite, mais la rétribution mensuelle est réduite à **75** centimes pour les enfants d'ouvriers et **1** fr. 50 c. pour les étrangers à l'usine. Cette dépense très-légère paraît avoir l'avantage de stimuler la surveillance des parents, sans créer un obstacle à leur bonne volonté. D'ailleurs, tous les ans, le conseil municipal d'une part, MM. Schneider et Cie de l'autre, consentent la gratuité pour tous les enfants qui présentent une demande motivée.

L'instruction n'est pas non plus obligatoire ; mais nul enfant du Creusot n'est reçu à l'usine s'il ne sait lire et écrire, et la porte en est fermée à celui qui a été renvoyé pendant le cours des études. Il faut dire que le renvoi n'est prononcé que pour des cas graves et après plusieurs avertissements adressés aux parents.

Pour tout élève des écoles de garçons, il est tenu une sorte de compte courant intellectuel et moral par semaine et par année ; et, à sa sortie, chacun est placé par les chefs de l'usine d'après ses notes, ses aptitudes, ses succès, sans distinction de familles, sans autres titres de préférence que les droits acquis à l'école, et, chose caractéristique, sans qu'il y ait jamais de réclamation. Tels ont acquis jusqu'aux premières places dans les bureaux de l'administration, ou parmi les ingénieurs, tandis que d'autres restent aux travaux les plus secondaires.

Ce régime n'a pas eu seulement pour effet un encouragement énergique donné aux efforts des enfants, il a été un puissant auxiliaire du respect de l'autorité, en montrant qu'elle doit être confiée aux mains les plus capables. C'a été de plus un moyen d'effacer au Creusot ces distinctions de classes, cette dénomination de classe ouvrière, qui n'est plus dans la vérité parce qu'elle manque de limites, et qui toujours provoque de légitimes susceptibilités.

On s'explique dès lors combien est puissant ici le prestige de l'instruction ; on peut dire qu'elle s'impose d'elle-même : aussi, en 1866, est-ce à peine si une trentaine d'enfants, garçons et filles, sont restés éloignés des cours.

La proportion des illettrés, parmi les conscrits nés au Creusot (voir Tableau 11), a été en moyenne de 9 % pendant les six dernières années, tandis qu'elle a été, durant la même période, de 37 % pour les jeunes gens nés hors du Creusot. D'ailleurs, chaque année amène un progrès, et comme tous les enfants pour ainsi dire vont aujourd'hui à l'école, il est permis de penser que d'ici à peu on ne rencontrera plus d'ignorants parmi les jeunes gens élevés dans la localité.

Au reste, l'état intellectuel de cette population est affirmé d'une façon encore plus concluante par le régime des ateliers.

Il est peu de travaux que l'ouvrier du Creusot ne sache très-vite comprendre et exécuter. Sa facilité à saisir les instructions données, comme à rendre sa pensée, l'aptitude à calculer, l'intelligence des plans, l'aisance à s'assimiler les idées et les procédés nouveaux, distinguent cette population, et démontrent sa transformation complète, comparativement à son état antérieur. Pour l'industrie, il n'est guère de personnel d'atelier aussi puissant ni aussi habile. C'est d'ailleurs de la jeunesse du Creusot que sont sortis, au nombre de 128, des ingénieurs, des comptables et des employés qui constituent l'une des forces de l'usine (voir Tableau 11).

Sous le rapport du caractère général de l'éducation et de la discipline, l'organisation de l'école des filles a été inspirée par la même pensée que celle de l'école des garçons. Les enfants y sont initiés au genre d'instruction qui convient à leur sexe. Comme l'usine n'emploie qu'un très-petit nombre de femmes et point de filles avant l'âge de dix-sept ans ; celles-ci peuvent rester un peu plus longtemps sur les bancs de l'école ; elles ne la quittent que sachant convenablement lire, écrire, compter, connaissant un peu de géographie, d'histoire, de comptabilité ménagère, et pratiquant avec une grande habileté les travaux à l'aiguille.

Dans les deux écoles, l'instruction et les soins religieux sont confiés à un aumônier.

La sollicitude de l'administration suit les jeunes gens à la sortie de l'enfance. Dans la vie sociale, elle leur procure de nouveaux éléments d'instruction au moyen d'une bibliothèque et de cours d'adultes.

La bibliothèque renferme 2,300 volumes divisés en onze séries, représentant tous les genres d'ouvrages. Les hommes spéciaux et les ouvriers, aussi bien que la mère de famille et la jeune fille, peuvent trouver des lectures instructives et intéressantes.

L'abonnement est de 1 fr. 50 c. par an. On emporte les volumes ; on peut les garder quinze jours. — Pendant l'année dernière, le nombre des volumes en lecture a été moyennement de 750 par mois.

Les lecteurs d'ouvrages sérieux sont chaque jour plus nombreux.

Les cours d'adultes ont lieu dans les bâtiments des écoles trois fois par semaine, le mardi et le vendredi de sept heures et demie à neuf heures du soir, et le dimanche de onze heures à midi. Ces cours comprennent la lecture, l'écriture, la langue française, le calcul, l'histoire, la géographie, l'arithmétique, la géométrie, la physique, la chimie, la mécanique et le dessin.

Quatre cours spéciaux fonctionnent depuis l'an dernier.

Un pour les ouvriers fondeurs.

Un pour les ouvriers forgerons.

Un pour les tourneurs, les ajusteurs et les monteurs.

Un pour les modeleurs et les mouleurs.

Dans chacun, les ouvriers travaillent à des croquis ou à des dessins qui représentent les pièces des machines qu'ils sont appelés à fabriquer (1).

Le nombre des ouvriers inscrits a été pour 1866 de 500. Ils se sont tous fait remarquer par leur assiduité et leurs progrès.

A quelques pas des écoles s'élève un hôpital qui a remplacé en 1863 un bâtiment devenu insuffisant.

Cet établissement se développe sur une façade de 62 mètres de long et 10 mètres de profondeur.

(1) Le personnel enseignant est choisi tant parmi les maîtres des écoles que parmi les ingénieurs et les contre-maîtres de l'usine sortis des écoles d'arts et métiers.

Il renferme 20 lits, 3 salles, dont une pour certains cas de maladie ou de blessures, des cabinets pour les consultations; une pharmacie, une salle de bains, une lingerie avec dépendances, ainsi que les logements du chirurgien, du pharmacien et de l'aumonier qui, avec trois médecins et une sœur de charité, pourvoient aux soins de toute nature.

A certaines heures les médecins donnent des consultations à l'hôpital; aux autres moments de la journée, ils font, ainsi que deux sœurs de charité, des visites à domicile. Le nombre des consultations a été, l'année dernière, de 170,000.

Deux médecins libres, un officier de santé et huit sages-femmes complètent le service médical de la commune.

Si, comme la guerre, l'industrie fait parfois des victimes, une sorte de fatalité ou l'imprudence humaine pouvant déjouer les précautions les mieux calculées, du moins le Creusot, sous ce rapport, a pu demeurer jusqu'ici au-dessous des moyennes habituellement constatées. Dans la dernière période décennale, le nombre des morts accidentelles n'a été, par année, que de 9.5, soit environ une pour 1,000 ouvriers, tandis que, dans bien des ateliers, cette proportion atteint malheureusement un chiffre beaucoup plus élevé.

L'institution d'une Caisse de prévoyance, de même que la fondation des écoles, remonte aux premières années de la gestion de MM. Schneider. Cette Caisse est alimentée par une retenue de 2 1/2 °/₀ sur le traitement de tout le personnel de l'établissement. Elle procure gratuitement à chacun les soins médicaux et les médicaments; de plus, elle alloue une indemnité du tiers de la journée pour tout le temps de l'incapacité de travail, à partir du cinquième jour. Elle constitue des pensions aux veuves et orphelins d'ouvriers morts dans le travail. Elle contribue au service de l'instruction primaire et subventionne le Bureau de bienfaisance.

Indépendamment d'une allocation annuelle, MM. Schneider et Cⁱᵉ fournissent gratuitement à cette institution tous les bâtiments et le chauffage nécessaires à la pharmacie, à l'infirmerie, aux consulta-

Caisse de prévoyance.

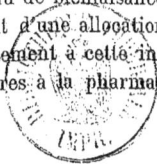

tions, aux logements des médecins, aux grandes écoles de garçons et de filles et à l'habitation des sœurs et des instituteurs.

En dehors de la subvention pour les écoles, la Caisse de prévoyance a dépensé en 1866, pour les indemnités de maladies et secours, ainsi que pour le service médical, une somme de 198,368 francs.

Malgré ces charges, elle a pu constituer un fonds de réserve important, qui s'élevait, en 1866, à 298,573 francs, dont MM. Schneider et Cie sont les dépositaires, et pour lequel ils servent une bonification d'intérêt de 5 %.

Bureau de bienfaisance. Le Bureau de bienfaisance a, comme ressources annuelles, 18,000 francs alloués par l'usine, 10,000 francs de subvention de la Caisse de prévoyance, des donations personnelles et diverses autres recettes; ensemble plus de 40,000 francs. Le fonctionnement de ce Bureau de bienfaisance repose sur un principe qui mérite d'être signalé. Les secours sont donnés d'après des renseignements que fournissent des ouvriers délégués opérant par groupes de trois, dans chacun des six quartiers de la commune. Ces renseignements portent aussi bien sur les antécédents et le degré de moralité que sur l'état de misère des demandeurs.

Caisse de dépôts. Le système des retraites pour la vieillesse n'est guère compatible avec le régime d'un établissement industriel privé, et les ouvriers du Creusot n'en ont pas accueilli le principe, préférant ne désintéresser personne du soin de son avenir.

Mais il est du devoir des chefs de pourvoir, autant qu'il peut dépendre d'eux, à ce qu'une institution générale ne produit pas. Aussi MM. Schneider et Cie ont-ils fondé depuis longtemps, pour tout le personnel de leur usine, une Caisse où chacun puisse faire des dépôts, même par somme minime, à 5 % d'intérêt, avec disponibilité constante et immédiate.

D'autre part, ils ont encouragé le goût de la propriété immobilière et de l'habitation, et ils ont cherché par tous les moyens à en faciliter la possession : ventes de terrains à bon marché, intervention gratuite comme conseils et architectes, livraisons de matériaux à prix réduits, avances s'élevant parfois jusqu'à un total de 5 et 600,000 francs.

Grâce à son bon esprit, et à la rémunération avantageuse du travail, la population du Creusot a pu réaliser une épargne considérable. Épargnes.

Il serait à désirer de pouvoir chiffrer le total de son avoir pour se faire une juste idée de sa situation; mais ici, comme partout, la possession existe sous différentes formes qui ne permettent guère de l'évaluer d'une façon complète. Il n'est pas aisé de calculer les valeurs mobilières possédées par la population non plus que de supputer le capital de roulement utilisé par le commerce ou représenté par des propriétés situées en dehors de la commune. On est donc obligé de s'en tenir à deux éléments offrant un caractère saisissable qui constituent d'ailleurs la majeure partie des placements (voir Tableau 9).

En 1866, les dépôts personnels à l'usine s'élevaient pour 540 individus à . . . . Fr. 2,436,725

D'autre part, la propriété immobilière sur le territoire du Creusot, d'après des évaluations soigneusement et minutieusement établies, représentait une valeur vénale de Fr. 10,157,800 pour 1,480 propriétaires.

Ensemble. . . Fr. 12,594,525

Sur les 1,480 propriétaires fonciers, 1,230 travaillent actuellement à l'usine ou bien y ont travaillé, et la part de propriété foncière qui leur est afférente est de . . . . Fr. 8,522,400

Si l'on ajoute à ce dernier chiffre le montant des sommes des dépôts à l'usine. 2,436,725

on trouve un total de. . . . . Fr. 10,959,125 pour les économies réalisées par la partie de la population ayant un caractère purement industriel.

Voilà donc une population ouvrière qui, en outre de ses salaires, possède 6 à 700,000 francs de revenus, tout en ne tenant compte que de deux natures de placements.

Il a été dit plus haut que le nombre des propriétaires fonciers au Creusot était de 1,480. En rapprochant ce chiffre de celui des ménages, 6,263, on constate qu'*un* chef de famille sur *quatre* possède une propriété foncière. Mais beaucoup d'ouvriers, travaillant au Creusot, demeurent et possèdent en dehors de la commune.

Caisse de dotation. Mais il n'appartient pas à tous de constituer une épargne, et même avec une bonne conduite quelques-uns arrivent à la fin de leur carrière sans avoir réalisé des économies suffisantes.

Les ouvriers qui se trouvent dans ce cas sont placés à des postes peu fatigants. Ils n'ont à recourir au bureau de bienfaisance que lorsqu'ils sont devenus incapables de tout travail, et le nombre jusqu'ici en est très-limité.

En faveur des employés, contre-maîtres ou chefs-ouvriers exceptionnels qui n'auraient pu assurer leur avenir, MM. Schneider et Cie ont préparé l'année dernière un régime spécial en créant une Caisse de dotation qui chaque année recevra une allocation importante, en vue de distribuer des subventions volontaires et gratuites, suivant la situation et les services rendus.

Condition matérielle. Tout en réalisant des économies considérables, la population du Creusot satisfait largement à ses besoins matériels.

Déjà les conditions de l'habitation ont été caractérisées : salubrité, espace, aération, lumière. On peut ajouter progrès incessant de la propreté et du confortable dans le mobilier. Tout révèle que le goût et le soin de l'habitation ont passé dans les mœurs.

Même progrès pour le vêtement. Le dimanche, il dénote l'aisance d'une population urbaine.

L'alimentation comporte le régime habituel des villes aisées (voir Tableau 7). L'usage du pain blanc, de la viande, du vin, est général.

Comparant avec Paris, dont l'âge moyen est de 33 ans, tandis que cet âge moyen n'est que de 24 ans au Creusot, on constate les rapports suivants :

A Paris, la consommation de viande de toute sorte, par jour et par habitant, est de 215 grammes. Elle n'apparaît au Creusot que pour 126 grammes; mais dans ce nombre n'est pas comprise la viande des porcs, qu'il est dans les habitudes des ouvriers d'abattre eux-mêmes, et qui constitue un élément important d'alimentation.

Quant au vin, la consommation à Paris est de 0^{lit},449, et au Creusot d'environ 0^{lit},380, d'après les résultats d'une enquête faite dans le courant de l'année dernière.

Les conditions prospères dans lesquelles se trouvent les habitants du Creusot sont, du reste, confirmées par les indications de l'état civil (voir Tableau 3).

Les mariages sont nombreux. La proportion des naissances est exceptionnelle. Si l'on consulte les registres de l'état civil, on constate que, pour la période des quinze dernières années, on compte une naissance pour 20 habitants, tandis qu'en France cette proportion est de 1 pour 41.

La proportion des décès devrait être singulièrement influencée par cette différence, puisque, d'après les statistiques générales, 1 enfant sur 4 meurt dans sa première année; cependant le rapport des décès (1 pour 32 habitants) diffère peu de la moyenne des populations urbaines (1 pour 37).

D'ailleurs, si l'on compare les naissances avec les décès, on trouve une différence qui n'a d'analogue dans aucune statistique officielle. L'excédant des naissances, c'est-à-dire l'accroissement naturel de la population, est en moyenne depuis quinze ans de 1.88 pour 100 habitants. Ce qui est quatre fois et demie le rapport correspondant pour la France.

Fait assez curieux, l'an dernier, pour une population de 24,000 âmes, le nombre des naissances a été de 1,127 et celui des décès de 501 seulement.

En compulsant également les registres de l'état civil pour comparer le nombre des cas de réforme survenus au Creusot avec le chiffre correspondant pour l'arrondissement (voir Tableau 4), on trouve que, dans l'Autunois, le nombre des réformés pour cause de constitution a été de 37 °/₀ dans une période de quinze années et qu'au Creusot il n'a pas excédé le rapport de 31 °/₀ pendant le même intervalle.

Condition morale. La condition morale de la population n'est pas moins satisfaisante que sa situation matérielle.

La femme n'étant généralement pas mêlée aux travaux de la grande industrie, son rôle se trouve circonscrit aux soins du ménage et à l'éducation des enfants. La moralité trouve donc dans cette présence de la mère au foyer domestique la meilleure de toutes les garanties.

Autrefois, un certain nombre de femmes descendaient dans la mine. Mais les inconvénients de toute nature résultant de leur participation à des travaux souterrains ont éveillé dès le début les préoccupations de MM. Schneider et Cⁱᵉ, et depuis une quinzaine d'années l'entrée de la mine leur a été interdite.

La réalisation de cette mesure offrait certaines difficultés ; mais, une fois adoptée, elle a été rigoureusement appliquée, comme étant un élément essentiel pour les bonnes mœurs.

En vue de procurer aux femmes un gain qu'elles pussent recueillir dans des travaux appropriés à leur sexe, des efforts furent tentés pour introduire dans la localité l'industrie de la dentelle.

Des maîtresses furent appelées des fabriques de Caen et de Bayeux, et des ouvroirs commencèrent à fonctionner avec un certain succès. Lorsque l'apprentissage était fini, la femme ou la jeune fille pouvait travailler à domicile ; et les bonnes ouvrières parvenaient à réaliser un profit de 45 à 50 francs par mois.

Mais deux circonstances sont venues arrêter l'essor de cette industrie nouvelle : d'une part, l'abaissement graduel et successif des prix commerciaux de la dentelle, et, de l'autre, les ressources croissantes qu'offraient certains travaux de couture et de blanchissage, à mesure que la localité se développait et que l'aisance s'y répandait.

Les ouvrières du Creusot sont très-habiles. Celles qui ont besoin de gagner leur vie le peuvent aisément en travaillant pour autrui, et aujourd'hui c'est ainsi que les femmes de la localité trouvent la rémunération dont elles peuvent avoir besoin.

Pourtant il est un petit nombre de femmes pauvres et sans état (250 environ), pour lesquelles le salaire industriel est une nécessité. L'usine les emploie. Elles sont groupées sur quelques points seulement, occupées à des travaux de triage et surveillées avec soin. En outre, elles ne sont jamais admises avant l'âge de dix-sept ans.

La moyenne des naissances illégitimes de 1851 à 1866 inclusivement (voir Tableau 3) a été de 4,21 %, alors qu'elle est pour la France entière de 7,25 % et pour les populations urbaines de 10 %.

Pendant le même laps de temps, le chiffre des condamnations criminelles (voir Tableau 12) a donné 1 condamnation pour 10,011 habitants, tandis que ce rapport est en France de 1 pour 9,570.

Le nombre des condamnations correctionnelles a été de 1 pour 551 habitants; en France il est de 1 pour 203.

Dans le nombre, 8 condamnations seulement ont été prononcées sur les chefs d'outrage à la pudeur, d'attentats aux mœurs, d'adultère et d'outrage à la morale publique. La moyenne de la France, à cet égard, est plus du double.

Dans sa vie habituelle, l'ouvrier du Creusot est calme et sobre.

L'ivresse est rare, on peut dire que l'ivrognerie n'existe pas. — Chaque soir, les rues sont silencieuses de bonne heure même le dimanche. Point de rixes, point de batailles. Le lundi, le travail est repris partout avec ponctualité.

Malgré une liberté absolue au dehors, dans la vie privée on reconnaît une population habituée à la régularité de l'atelier.

L'état moral de la population peut du reste se caractériser d'un mot. Au Creusot point de juge de paix, point d'huissiers, point de gendarmes. — Le commissaire de police cantonal secondé par deux agents suffit à tout aisément. Il n'est peut-être point d'agglomération aussi nombreuse pouvant offrir un pareil exemple.

Les établissements du Creusot ont toujours présenté le phénomène d'une continuité absolue dans le travail. Depuis trente ans, le Creusot

Permanence de la coopération.

n'a pas cessé d'occuper sans interruption, en pleine activité, tout son personnel, tout son matériel. En 1848 seulement, et pour quelques mois, certains ateliers ont perdu deux ou trois heures par jour.

Les ouvriers se sont donc habitués à cette idée, que le travail ne peut leur manquer ; ils vivent tranquilles et confiants dans l'avenir.

D'ordinaire, dans les villes, le patron prend ou renvoie les ouvriers, suivant l'abondance du travail, et ceux-ci passent d'atelier en atelier sans s'attacher à aucun. Au Creusot, l'ouvrier se sent stable et comme immeuble par destination ; aussi paie-t-il en attachement et en dévouement. Si le patron éprouve parfois l'embarras d'alimenter constamment la main-d'œuvre, il profite, en revanche, des services que rend une population formée et disciplinée. C'est comme une famille qui ne calcule pas ses rapports au jour le jour et demeure attachée par des liens durables.

Il n'est pas rare de rencontrer dans les mêmes ateliers trois générations. On trouve souvent sur les contrôles des familles comptant quinze à vingt individus.

Le recrutement se fait dans le Creusot même ou parmi les jeunes gens des localités très-voisines. L'ouvrier formé au dehors ne se familiarise pas vite avec le régime et l'activité des ateliers. L'ouvrier du Creusot, au contraire, aime sa localité, aime son pays ; il en est fier, comme le montagnard de sa montagne. Au loin, et même après une longue absence, il conserve son patriotisme local.

A l'appui de ces indications, l'épargne et l'immobilisation (voir tableau 9) fournissent une preuve irréfutable.

L'épargne ne peut s'accumuler qu'avec le temps.

L'immobilisation témoigne de la confiance pour l'avenir et de la résolution de demeurer attaché au pays.

Les deux constituent la solidarité entre l'usine et la population.

Harmonie.

Malgré la diversité du travail, la différence des salaires, la divergence des habitudes, qui créent si souvent dans les localités restreintes l'antagonisme de corporation et des luttes, les mineurs, les forgerons, les mécaniciens et d'autres corps d'état vivent au Creusot côte à côte, chacun de sa vie propre. Depuis de longues années, il n'est pas un exemple de querelle de métier.

L'organisation du salaire a été établie, ainsi qu'il a été dit plus haut, presque partout au marchandage. Dans tous les ateliers, les prix varient fréquemment avec les conditions du travail. Dans quelques-uns, c'est par milliers que l'on compte les conventions à établir. Certes, si c'est un excellent moyen de payer chacun suivant ses œuvres, ce n'est pas moins une manière de faire qui paraîtrait de nature à multiplier les chances de désaccord entre le patron et l'ouvrier. Et cependant tous ces changements, toutes ces transactions s'accomplissent journellement sans perte de temps ni débat; presque sans exception les prix faits sont acceptés de confiance et mutuellement respectés. Les comptes, établis par jour et par mois, et à tous ponctuellement réglés, inspirent une confiance complète. Point de prud'hommes, point d'intervention d'une autorité quelconque.

Souvent le produit du marchandage donne jusqu'à 50 % au-dessus du salaire nominal; et on a vu disparaître presque complétement cette défiance de l'ouvrier, qui limite quelquefois ses efforts en vue d'une convention nouvelle à établir pour un autre travail.

Les agitations politiques elles-mêmes n'ont pas altéré les rapports des chefs et des ouvriers. C'est à peine si, en 1848, les excitations réitérées du dehors ont pu interrompre pendant quelques jours seulement le travail dans un seul atelier.

Du reste, en matière politique, cette population témoigne de sa satisfaction et de son bien-être par l'excellent esprit qu'elle montre dans les occasions électorales aussi bien que dans la vie habituelle.

La continuité des bons rapports entre le personnel et les chefs devait développer des sentiments qui se sont produits publiquement dans trois occasions.

En 1856, les ouvriers signaient et leurs délégués apportaient à l'Empereur une pétition dans laquelle ils suppliaient Sa Majesté de donner à leur localité le nom de Schneiderville. M. Schneider, trop attaché au nom du Creusot pour penser à y substituer le sien, a décliné l'honneur dont il était l'objet; il n'a voulu recueillir de cette manifestation qu'un souvenir précieux à laisser à sa famille.

En 1858, à l'occasion du mariage de Mlle Schneider avec M. Deseilligny, une souscription était couverte de plus de 6,000 signatures pour offrir aux époux une pièce d'orfévrerie, dans le caractère d'un testimonial.

Enfin, il y a dix-huit mois, une députation apportait à M. et Mme Henri Schneider, lors du baptème de leur premier enfant, une œuvre d'art, symbole allégorique de l'Industrie, accompagnée d'un précieux volume contenant la signature de 9,000 souscripteurs.

Certes, l'harmonie est ainsi établie d'une manière éclatante par les signatures réitérées de tout un personnel.

Le bien-être l'est-il moins en présence des faits qui précèdent et surtout de cette accumulation de l'épargne?

Sous ce double rapport, l'exemple que fournit le Creusot tire une importance capitale de ce qu'il repose sur une expérience non interrompue de trente années; de ce qu'il s'applique à une agglomération considérable et toujours croissante; de ce qu'il se concilie avec une prospérité industrielle qui n'a pas faibli d'un jour, et qui aboutit à l'une des plus puissantes et des plus vastes organisations de l'industrie privée.

Le meilleur instrument pour l'industrie, c'est un bon personnel; et réciproquement ce qui assure l'avenir de l'ouvrier, c'est la prospérité de l'industrie. Les deux intérêts sont intimement liés, et d'une bonne pratique découle naturellement l'harmonie.

Au Creusot, on n'a pas cherché à donner à ces principes leur application par des systèmes préconçus, ni par des mesures d'éclat; on s'est inspiré, dès le début, des idées fondamentales de progrès et de civilisation; on a patiemment étudié les besoins, et on en a toujours écouté l'expression par des communications personnelles et quotidiennes : — tout cela avec l'amour de l'industrie, avec une affection sincère, pour la population et avec cette persévérance qui est une condition essentielle pour atteindre de grands et durables résultats.

TABLEAUX JUSTIFICATIFS.

24

CONSISTANCE DES USINES DU CREUSOT.

EXERCICE 1867-68.

N° 1.

NOMBRE D'OUVRIERS.

Chemins de fer et services divers .	850
Minerais	650
Houillères	1,650
Hauts fourneaux	750
Forge	3,250
Ateliers de construction . . .	2,500
Chantier de Châlon	500
TOTAL . . .	9,950 ouvriers.

ÉTENDUE DES USINES.

Surface totale	425 hectares.
Surface des bâtiments	20

CHEMINS DE FER.

Étendue des voies	70 kilom.
Nombre de locomotives	46
Tonnage annuel, extérieur . . .	720,000 tonnes.
— intérieur . . .	690,000 —
Mouvement de la gare centrale .	1,410,000
Nombre de trains journaliers à la gare centrale . . .	152

MINERAIS.

Deux concessions adjacentes en exploitation	45 kil. carr.
6 machines à vapeur, ensemble.	90 chev. vap.
PRODUCTION ANNUELLE . . .	300,000 tonnes.

HOUILLÈRES.

Une concession exploitée . . .	64 kil. carr.
6 machines d'extraction, ensemble.	550 chev. vap
2 pompes	400 —
7 machines diverses	50 —
PRODUCTION ANNUELLE	250,000 tonnes.

HAUTS FOURNEAUX.

Fours à coke horizontaux . .	150
— Appolt	40
7 machines soufflantes, ens.	1,380. chev. vap.
40 — diverses	150 —
PRODUCTION ANNUELLE . . .	130,000 tonnes.

FORGE.

85 machines à vapeur, ens.	6,500 chev. vap.
Pilons	30
Laminoirs complets pour puddlage	15
Id. pour fers et tôles . . .	26
Fours à puddler	130
Fours à réchauffer	85
PRODUCTION ANNUELLE.	110,000 tonnes.

ATELIERS DE CONSTRUCTION.

32 machines à vapeur, ens. .	700 chev. vap.
26 pilons	—
630 Machines-outils. . . .	—

PRODUCTION.

Machines de navigation.
Machines fixes.
Locomotives.
Ponts et charpentes.
Machines et appareils de toutes sortes.
Chaudières, moulages, pièces de fonderie.

VALEUR ANNUELLE	11,000,000 francs.

SERVICES DIVERS.

13 machines à vapeur . . .	100 chev. vap.

80

MOYENNES DES SALAIRES POUR CHACUNE DES INDUSTRIES DU CREUSOT

DE 1848 à 1866.

ANNÉES.	MINERAIS.	FORGE.	ATELIERS.	HOUILLÈRES.	HAUTS FOURNEAUX	SERVICES DIVERS.	MOYENNES DES SERVICES.
1848—49	1.89		2.77	2.45	1.87	2.47	2.51
1849—50	2.40	3.05	2.89	2.40	1.83	2.59	2.63
1850—51	2.34	3.04	2.75	2.36	1.80	2.39	2.56
1851—52	2.38	3.22	2.75	2.30	1.82	2.31	2.61
1852—53	2.16	3.34	2.96	2.24	2.01	2.42	2.74
1853—54	2.42	3.40	3.02	2.28	2.08	2.32	2.78
1854—55	2.41	3.55	3.05	2.57	2.16	2.75	2.87
1855—56	2.52	3.65	3.18	2.35	2.23	2.80	2.90
1856—57	2.43	3.69	3.48	2.30	2.26	2.97	3.04
1857—58	2.48	3.83	3.43	2.44	2.38	2.93	3.08
1858—59	2.27	3.65	3.16	2.41	2.27	2.79	2.91
1859—60	2.50	3.65	3.18	2.45	2.30	2.66	2.95
1860—61	2.56	3.89	3.28	2.43	2.44	2.73	3.07
1861—62	3.04	3.90	3.57	2.52	2.38	2.75	3.40
1862—63	3.28	4.»	3.32	3.08	2.58	2.80	3.30
1863—64	3.24	3.95	3.30	3.15	2.80	2.96	3.35
1864—65	3.37	3.82	3.35	3.21	2.96	3.05	3.41
1865—66	3.33	3.83	3.40	3.25	2.93	3.03	3.45

No 2.

ÉTAT CIVIL DU CREUSOT.

Dénombrements de la Population.

Années.	1836	1841	1846	1851	1856	1861	1866
Population.	2.700	4.012	6.303	8.083	13.390	16.094	23.872

Mouvements de la Population.

ANNÉES.	NAISSANCES.						DÉCÈS.			EXCÉDANT des naissances sur les décès.		MARIAGES.			OBSERVATIONS.
	LÉGITIMES.	ILLÉGITIMES.	TOTAL.	PROPORTION DES NAISSANCES ILLÉGITIMES.	NOMBRE D'HABITANTS POUR UNE NAISSANCE.	NAISSANCES POUR 100 HABITANTS.	TOTAL.	NOMBRE D'HABITANTS POUR UN DÉCÈS.	DÉCÈS POUR 100 HABITANTS.	NOMBRE ABSOLU.	EXCÉDANT DES NAISSANCES POUR 100 HABITANTS.	TOTAL.	NOMBRE D'HABITANTS POUR UN MARIAGE.	MARIAGES AYANT LÉGITIMÉ DES ENFANTS.	
1851	381	16	397	4.0	20	4.91	243	33	3.01	154	1.90	87	93		L'excédant des naissances sur les décès, c'est-à-dire l'accroissement de la population, a été dans cette période quatre fois celui de la France.
1852	468	24	492	5.43	21	5.38	335	37	3.66	157	1.72	68	134	7	
1853	470	15	485	3.09	25	3.97	309	33	2.53	176	1.44	80	132	4	
1854	598	21	619	3.39	20	5.04	382	29	3.11	237	1.93	99	124	4	
1855	673	26	699	3.86	17	5.05	517	24	4.20	182	1.47	102	120	11	
1856	689	31	720	4.30	18	5.37	414	32	3.09	306	2.28	129	101	7	
1857	635	25	680	3.80	20	4.88	422	33	3.03	258	1.85	124	115	4	
1858	731	33	764	4.30	19	5.27	405	36	2.79	359	2.48	99	146	11	
1859	690	36	726	5.23	22	4.83	560	27	3.73	166	1.40	126	119	7	
1860	661	30	691	4.50	22	4.44	482	32	3.40	209	1.34	102	152	43	
1861	801	26	830	3.25	19	5.45	503	31	3.42	327	2.03	136	118	8	
1862	809	35	844	4.46	20	4.94	498	36	2.92	346	2.62	100	107		
1863	1019	49	1068	4.91	17	5.90	587	31	3.25	481	2.63	191	94		
1864	1013	48	1061	4.70	18	5.57	572	41	3.01	489	2.56	177	107		
1865	1021	41	1062	4.02	22	4.48	818	27	3.38	214	0.90	173	135		
1866	1080	47	1127		21	4.75	501	47	2.09	626	2.61	192	124	43	

NOMBRE DES CAS DE RÉFORME AU CREUSOT ET DANS L'ARRONDISSEMENT D'AUTUN

DE 1851 à 1865.

ANNÉES.	LE CREUSOT.					ARRONDISSEMENT.					OBSERVATIONS.
	NOMBRE DE JEUNES GENS INSCRITS SUR LES TABLEAUX DE RECENSEMENT.	NOMBRE DE JEUNES GENS EXAMINÉS PAR LE CONSEIL DE RÉVISION.	NOMBRE DE JEUNES GENS DÉCLARÉS PROPRES AU SERVICE.	NOMBRE DE JEUNES GENS RÉFORMÉS POUR CAUSE D'INFIRMITÉS.	NOMBRE D'EXEMPTÉS LÉGALEMENT.	NOMBRE DE JEUNES GENS INSCRITS SUR LES TABLEAUX DE RECENSEMENT.	NOMBRE DE JEUNES GENS EXAMINÉS PAR LE CONSEIL DE RÉVISION.	NOMBRE DE JEUNES GENS DÉCLARÉS PROPRES AU SERVICE.	NOMBRE DE JEUNES GENS RÉFORMÉS POUR CAUSE D'INFIRMITÉS.	NOMBRE D'EXEMPTÉS LÉGALEMENT.	
1851	64	57	44	16	7	1018	605	262	242	101	Au Creusot, la moyenne des réformés, pour la période de 1851 à 1865, a été de 32 °/₀. — Dans l'arrondissement, cette proportion a été de 37 °/₀.
1852	78	66	25	14	7	1010	617	288	291	95	
1853	93	76	46	19	11	975	847	454	246	137	
1854	101	89	46	29	14	1002	880	455	285	129	
1855	105	97	54	22	21	1060	957	465	325	157	
1856	121	92	43	30	21	1012	805	335	327	133	
1857	103	87	40	32	45	967	735	397	307	101	
1858	134	125	53	46	26	988	895	324	118	153	
1859	110	75	38	23	14	1051	674	343	211	120	
1860	95	93	50	27	16	1036	657	332	210	145	
1861	160	107	46	39	25	1075	675	333	323	118	
1862	181	122	53	45	16	1014	754	183	285	146	
1863	172	106	53	36	17	1032	592	315	164	113	
1864	150	100	54	21	25	988	545	309	450	146	
1865	174	117	50	40	27	1106	682	339	332	111	
Totaux	1892	1369	662	439	898	15334	6600	4996	3889	1836	

COMMUNE DU CREUSOT.

VOIRIE.

Rues .... 18,200 mètres.
Boulevards (longueur) .... 4,300 mètres.
— (surface) .... 10 hectares.
Trottoirs .... 13,000 mètres.
Chemins nivelés et empierrés ...... 37,400 mètres.

JARDINS PUBLICS.

Squares (surface) .... 10 hectares.

PLANTATIONS.

Les squares et les boulevards sont plantés de 4,000 pieds d'arbres.

FONTAINES PUBLIQUES.

Eau potable donnant { par 24 heures 500 mèt. cubes.
{ par habitant 21 litres.

GAZ.

Rues, boulevards et places, par an. 104,000 mèt. cubes.

78

STATISTIQUE

DE

L'HABITATION AU CREUSOT EN 1867.

No 6.

NOMBRE				MOYENNE			SURFACE				CUBE D'AIR		PRIX MOYEN	
de MAISONS.	de LOGEMENTS.	de PIÈCES.	D'HABITANTS.	des LOGEMENTS par MAISONS.	des PIÈCES par LOGEMENT.	D'HABITANTS par LOGEMENT.	totale COUVERTE.	moyenne par MAISON.	totale HABITÉE.	moyenne par LOGEMENT.	par LOGEMENT.	par HABITANT.	d'une MAISON. fr.	d'un LOGEMENT. fr.
1,870	5,902	12,778	24,200	3,15	2,16	4,11	16h,10,07	86m2,10	26h,89,30	45m2,57	132m3,43	32m3,43	4,882 "	1,550 "

CHIFFRES DE CONSOMMATION

RÉSULTANT D'UNE ENQUÊTE FAITE EN 1866.

Bœufs ou Vaches . . . . . . 1,300, d'un poids net moyen de 250 kilog. 325,000

Veaux . . . . 6,000, — 40 — 240,000

Moutons. . . . . 10,000, — 20 — 200,000

Porcs, débités par le commerce 3,000, — 110 — 330,000

kilog. 1,095,000

Alcool . . . . 800 hectolitres, valeur commerciale. . . . Fr. 90 »

Bière. . . . . 8,000 — — — 25 »

Vin . . . . 34,000 — — — 40 »

MOYENNES PAR JOUR ET PAR HABITANT

(AGE MOYEN 24 ANS).

Viande, non compris les porcs abattus au domicile des habitants . . 126 grammes

Vin . . . . 390 —

42

TERRAINS ACQUIS ET MAISONS BATIES AU CREUSOT

PAR LA POPULATION DE 1861 A 1866.

ANNÉES.	NOMBRE de MAISONS.	VALEUR		
		DU TERRAIN.	DE LA MAISON.	TOTALE.
PREMIER TABLEAU. — Étrangers à l'usine.				
1861......................	7	7.585	39.500	47.085
1862......................	19	8.850	116.100	124.950
1863......................	27	13.767	247.500	261.267
1864......................	14	12.750	80.400	93.150
1865......................	18	12.260	124.100	136.360
1866......................	18	13.500	122.700	136.200
TOTAL.....	103	68.712	730.300	799.012
DEUXIÈME TABLEAU. — Personnes ayant travaillé à l'usine.				
1861......................	20	12.955	121.000	133.955
1862......................	36	18.630	157.500	176.130
1863......................	36	14.090	183.500	197.590
1864......................	26	12.300	151.200	163.500
1865......................	34	23.870	259.500	283.370
1866......................	33	21.900	181.300	203.200
TOTAL.....	185	103.745	1.054.000	1.157.745
TROISIÈME TABLEAU. — Personnes travaillant à l'usine.				
1861......................	48	18.476	279.700	298.176
1862......................	47	20.590	220.100	240.690
1863......................	67	37.240	428.000	465.240
1864......................	37	13.440	151.100	164.540
1865......................	62	29.660	369.200	398.860
1866......................	57	32.670	289.200	321.870
TOTAL.....	318	152.076	1.737.300	1.889.376
RÉCAPITULATION POUR LES SIX ANNÉES.				
Étrangers à l'usine........	103	68.712	730.300	799.012
Ayant travaillé à l'usine...	185	103.745	1.054.000	1.157.745
Travaillant à l'usine.......	318	152.076	1.737.300	1.889.376
MOYENNE ANNUELLE	101	54.088	586.933	641.022

ÉPARGNES DE LA POPULATION DU CREUSOT.

Dépôts à l'Usine et placements immobiliers sur le territoire de la Commune.

NATURE DE PLACEMENT.	NOMBRE de POSSESSEURS.	VALEUR.	MOYENNE par INDIVIDU.	OBSERVATIONS.
1° Dépôts faits chez MM. Schneider et Cie par les individus appartenant à l'usine. . . .	540	2,436,725.55	4,512.45	MM. Schneider et Cie servent aux déposants un intérêt annuel de 5 °/o et leur laissent une disponibilité complète de leurs capitaux.
2° Propriétés appartenant, sur le territoire du Creusot, aux personnes travaillant à l'usine.	780	5,281,400 »	677.06	
3° Aux personnes ayant travaillé à l'usine.. .	450	3,241,300 »	7,202.88	La propriété bâtie au Creusot donne un revenu approximatif de 7 °/o.
4° Aux personnes étrangères à l'usine.. . . .	250	2,235,400 »	8,941.60	
Totaux.	2,020	13,194,825.55		

4b

N° 40.

STATISTIQUE DE L'INSTRUCTION PRIMAIRE AU CREUSOT

DE 1862 à 1866.

Fréquentation des Écoles.

ANNÉES	ÉTABLISSEMENTS									NOMBRE DES ÉLÈVES																NOMBRE DES ENFANTS DE 7 A 13 ANS n'ayant suivi aucun cours		
	ÉCOLES COMMUNALES ET INDUSTRIELLES ET LEURS ANNEXES			ÉCOLES LIBRES			TOTAL par écoles	GARDERIES	TOTAL DES ÉTABLISSEMENTS	ÉCOLES COMMUNALES des GARÇONS			ÉCOLES COMMUNALES des FILLES			ÉCOLES LIBRES			TOTAL		TOTAL des ÉLÈVES	GARDERIES			TOTAL GÉNÉRAL			
	GARÇONS	FILLES	TOTAL	GARÇONS	FILLES	TOTAL				PAYANTS	GRATUITS	TOTAL	PAYANTES	GRATUITES	TOTAL	GARÇONS	FILLES	TOTAL	DES PAYANTS	DES GRATUITS		GARÇONS	FILLES	TOTAL		GARÇONS	FILLES	TOTAL
1862	5	1	5	»	7	7	12	5	17	1426	117	1543	632	218	850	»	338	338	2416	335	2751	68	91	159	2910	42	38	80
1863	5	1	5	»	11	11	16	8	24	1827	150	1977	650	110	760	»	661	661	3138	260	3398	156	135	291	3689	35	33	68
1864	4	1	5	»	12	12	17	10	27	1904	131	2035	723	205	928	»	653	653	3280	336	3616	122	299	421	4037	28	27	55
1865	4	1	5	1	14	15	20	10	30	1908	137	2045	738	208	946	140	832	972	3638	345	3983	119	308	427	4410	22	22	44
1866	4	1	5	1	14	15	20	16	36	1932	137	2069	763	206	969	150	877	1027	3722	363	4065	198	366	564	4629	15	14	29

CONSCRIPTION.
PROPORTION DES ILLETTRÉS.
(1860-1866.)

ANNÉES.	NOMBRE DE CONSCRITS			LETTRÉS			ILLETTRÉS			OBSERVATIONS.
	DU CREUSOT.	ÉTRANGERS.	TOTAL.	DU CREUSOT.	ÉTRANGERS.	TOTAL.	DU CREUSOT.	ÉTRANGERS.	TOTAL.	
1860	37	99	136	37	68	105	»	31	31	Des chiffres ci-contre résulte une moyenne d'illettrés de 9 % pour les jeunes gens natifs du Creusot, et de 31 % pour ceux qui sont nés hors de la localité.
1861	42	115	157	37	71	108	5	44	49	
1862	39	121	160	43	80	123	1	36	37	
1863	51	134	185	43	93	136	8	41	49	
1864	50	118	172	44	78	122	6	44	50	
1865	56	122	174	53	80	133	3	38	44	
1866	56	132	188	48	98	146	8	34	42	

RÉPARTITION DU PERSONNEL ADMINISTRATIF DES USINES PAR ORIGINE.
(PROPORTION DES ÉLÈVES DU CREUSOT.)

ORIGINES.	NOMBRE ABSOLU	IMPORTANCE POUR %	AGE MOYEN	OBSERVATIONS.
du Creusot	127	47.5	22.8	Plusieurs élèves de l'école du Creusot sont parvenus jusqu'aux premières places dans les bureaux de l'administration ou parmi les ingénieurs de l'usine.
ÉCOLES impériales { des Mines	5	1.8	36.4	
impériales { centrale	5	1.8	33.0	
des mineurs de Saint-Étienne	4	1.5	28.5	
d'Angers (arts et métiers)	10	3.7	28.8	
de Châlons	7	2.6	32.5	8.2
d'Aix (la Martinière)	3	1.1	32.3	
de Lyon	2	0.8	25.5	
Provenances diverses	105	39.2	36.7	
	268	100.0	29.4	

ÉTAT DES CONDAMNATIONS CRIMINELLES PRONONCÉES CONTRE LES HABITANTS DU CREUSOT DE 1851 A 1865.

NATURE DES CRIMES.	1851	1852	1853	1854	1855	1856	1857	1858	1859	1860	1861	1862	1863	1864	1865	TOTAL
Vol qualifié	1	»	»	»	»	»	»	1	»	»	»	»	1	2	4	9
Faux témoignage	»	»	»	»	»	»	1	»	»	»	»	»	»	»	»	1
Blessures graves	»	»	»	»	»	»	»	»	»	»	»	»	»	»	»	»
Tentative de viol	»	»	»	»	»	»	»	»	»	1	»	»	»	»	»	1
Incendie volontaire	»	»	»	»	»	»	»	»	»	»	»	»	»	»	»	»
Tentative d'incendie	»	»	»	»	»	»	»	»	»	»	»	»	»	»	»	»
Emission de fausse monnaie	»	»	»	»	»	»	»	»	»	»	»	»	»	»	»	»
Faux en écritures de commerce	»	»	»	»	»	»	»	»	»	»	»	»	»	»	»	»
Attentat à la pudeur	»	»	»	»	»	»	»	»	»	»	»	»	»	»	1	»
Extorsion de signature	»	»	»	»	»	»	»	»	»	»	»	»	1	1	»	2
Soustraction de deniers publics	»	»	»	»	»	»	»	»	»	»	»	»	»	»	»	»
Faux en écriture privée	»	»	»	»	»	»	2	»	»	»	»	1	»	1	1	5
Tentative d'assassinat	»	»	1	»	»	»	»	»	»	»	»	»	»	»	»	1
Infanticide	»	»	»	»	»	»	»	»	»	»	»	»	»	»	1	1
Abus de confiance	»	»	1	»	»	»	»	»	»	»	»	»	»	»	»	1
Banqueroute frauduleuse	»	»	»	»	3	»	»	»	»	»	»	»	»	»	»	1
Assassinat	»	»	»	»	»	»	»	1	»	»	»	»	»	»	»	1
TOTAUX	1	»	2	»	3	»	2	2	»	1	1	»	1	4	6	23

ÉTAT DES CONDAMNATIONS CORRECTIONNELLES DE 1851 A 1865.

NATURE DES DÉLITS.	1851	1852	1853	1854	1855	1856	1857	1858	1859	1860	1861	1862	1863	1864	1865	TOTAL
Infraction au ban de surveillance	»	»	»	»	»	»	»	»	»	»	»	»	»	»	»	»
Vagabondage	»	»	»	»	»	1	»	»	»	»	»	»	»	»	»	1
Mendicité	1	»	»	»	»	»	»	1	1	»	»	»	»	»	»	3
Rébellion	»	»	»	»	5	6	»	3	1	1	2	1	2	4	4	29
Outrages et violences envers des magistrats	1	»	1	1	»	2	1	1	»	2	»	1	»	»	1	8
— envers d'autres fonctionnaires ou agents	»	»	2	4	»	3	1	1	»	»	2	»	3	»	5	25
Menaces écrites ou verbales	1	»	11	9	4	2	4	3	3	1	2	2	4	4	13	63
Coups et blessures volontaires	»	»	»	»	»	1	»	1	»	»	»	»	»	»	»	»
Homicide par imprudence	»	»	»	»	»	»	»	»	»	1	1	2	»	»	»	4
— d'enfant nouveau-né par la mère	»	»	»	»	1	»	»	»	»	»	»	»	»	1	1	3
Blessures involontaires	»	»	»	»	»	1	»	1	3	1	2	3	»	2	3	15
Outrage public à la pudeur	»	»	»	»	»	»	»	1	»	»	»	»	»	»	1	1
Attentat aux mœurs en excitant ou favorisant la débauche	»	»	»	»	»	»	»	»	1	»	»	»	»	»	2	2
Adultère	3	»	»	»	2	3	»	2	3	1	»	»	1	2	4	21
Diffamation et injures	»	»	»	»	»	»	1	»	»	»	»	»	»	»	»	4
Détournement d'objets saisis	10	7	8	12	23	22	19	23	18	13	6	15	14	23	20	233
Vols simples	»	»	1	1	»	1	3	»	»	»	»	2	»	1	1	8
Banqueroute simple	»	»	3	1	2	1	1	»	5	»	2	»	»	1	1	16
Escroquerie	»	»	»	»	3	1	1	»	»	»	3	»	»	»	1	5
Abus de confiance	2	»	»	»	»	»	»	»	»	»	»	»	»	»	»	2
Arbres appartenant à autrui, abattus ou mutilés	1	»	»	1	»	»	1	1	»	»	1	2	»	3	1	11
Destruction de clôtures	»	»	»	»	»	»	»	»	»	»	»	»	»	»	1	1
Violation de domicile	7	10	13	7	2	11	14	4	5	5	5	2	6	6	9	106
Incendies volontaires	»	»	»	»	»	»	»	1	»	»	»	»	»	»	»	1
Maraudage et délits ruraux	»	»	1	»	»	»	»	4	»	»	»	»	»	»	»	5
Chasse en temps prohibé, sans permis, etc.	»	»	»	»	»	»	»	»	»	»	»	»	»	»	»	»
Pêche	»	»	»	»	»	»	»	»	»	1	»	»	»	»	»	1
Vente, achat ou colportage de gibier en temps prohibés	»	»	»	»	»	»	»	»	»	»	»	»	»	»	»	»
Tromperie sur la qualité ou la quantité de la marchandise	»	»	»	2	»	1	»	»	1	»	»	1	»	»	4	»
Délits politiques de toute espèce	»	»	»	»	»	»	»	»	»	»	»	»	»	»	»	»
— de presse	»	»	»	»	»	»	»	»	»	»	»	»	»	»	»	»
Colportage d'imprimés sans autorisation	»	»	2	»	1	»	»	»	»	1	»	»	»	»	»	4
Ouverture de cabarets sans autorisation	»	»	»	»	»	»	»	»	»	»	»	»	»	»	»	»
Exposition des enfants	»	»	»	»	»	»	»	»	»	»	»	»	»	»	»	»
Evasion de détenus	»	»	»	»	»	»	»	»	»	»	»	»	»	0	»	»
Publication de fausses nouvelles	»	»	»	»	»	»	»	»	»	»	»	»	»	»	»	»
Détention de faux poids, fausses balances	»	»	1	1	»	2	3	1	2	»	2	»	»	»	»	12
Contravention à la loi sur l'instruction publique	»	»	»	»	»	»	»	»	»	»	»	»	»	»	»	»
Exercice illégal de la médecine	»	»	»	»	»	»	»	»	»	»	»	»	»	»	»	»
Outrage à un ministre du culte catholique	»	»	»	»	»	»	»	»	»	»	»	»	»	»	»	»
— à un témoin en haine de sa déposition	»	»	»	»	»	»	»	»	»	»	»	»	»	»	»	»
Usage de timbre-poste ayant déjà servi	»	»	»	»	»	»	»	»	»	»	»	»	3	»	»	14
Contravention sur la police du roulage	»	»	1	1	4	4	»	»	»	»	»	»	»	»	»	14
— à la police des chemins de fer	»	»	2	»	1	2	»	1	»	»	»	»	»	»	»	6
— sur les contributions indirectes	»	»	4	»	»	»	2	1	1	»	1	1	2	»	1	14
— sur les mines	»	»	»	»	»	»	»	»	»	»	»	»	»	»	»	»
Débit illicite de poudre de chasse	»	»	»	»	»	»	»	»	»	»	»	»	»	»	»	2
Débits de boissons clandestins	»	»	»	»	»	»	»	»	»	1	»	»	»	»	»	1
Coalition d'ouvriers	»	»	»	»	»	»	»	»	»	»	»	»	»	»	»	»
Détention d'armes de guerre	»	»	»	»	»	»	»	»	»	»	»	»	»	»	»	1
Dénonciation calomnieuse	»	1	»	»	»	»	»	»	»	»	»	»	»	»	»	»
Usurpation de fonctions	»	»	»	»	»	»	»	»	»	»	»	»	»	»	»	»
Usage de fausse monnaie	»	»	»	»	»	»	»	»	»	»	»	»	»	»	»	»
Loteries et jeux de hasard	»	»	»	»	»	»	»	»	»	»	1	»	2	1	»	4
Outrage à la morale publique	»	»	»	»	»	»	»	»	»	»	»	»	»	»	»	»
Contravention à la loi sur le recrutement	»	»	»	»	»	»	»	»	1	»	»	»	1	»	»	1
Usure	»	»	»	»	»	»	»	»	»	»	»	»	»	»	»	»
TOTAUX	25	21	58	48	42	61	62	49	43	31	26	29	40	48	69	632

www.ingramcontent.com/pod-product-compliance
Lightning Source LLC
Chambersburg PA
CBHW050535210326
41520CB00012B/2588